动物吐槽大会

揭秘动物进化的严酷法则

[日]今泉忠明 著

赵百灵 译

南海出版公司

2021·海口

序 言

现代人每天奔走于学校、公司和家庭间，忙于学习、工作、照顾一家老小，无论是成年人还是孩子每天都忙得不可开交。在疲惫不堪的时候，你是否也产生过这样的想法呢——

"大自然太美好啦。真想离开城市，到大自然中悠闲地生活啊！"

我十分理解这种心情。但是你知道吗，自然界中也存在着残酷的生存法则。竞争之激烈，甚至人类社会都无法与之相提并论。

"双胞胎太难养了"——熊猫在生下双胞胎后，只抚养其中的一只。

"脱单不容易"——雄性束带蛇在忍饥挨饿八个月后，还要为了争夺配偶而争斗。

"宝宝求关注"——琉球兔的幼崽两天才能见妈妈一次，每次相见只有2～3分钟。

这些在人类看来难以理解的行为，是动物长期进化的结果，也是它们适应环境的最佳选择。

此外，在自然界中，吸血蝠会赠送"血液"以维持邻里关系；加拉帕戈斯企鹅的幼崽特别依恋父母，无法独立生活……动物也具有人性的一面。人类的烦恼大多源自"人际交往"，与之相似，其实动物也为与同伴、家人之间的关系而伤透了脑筋。

本书以动物的口吻，"吐槽"族群、家人，讲述动物们日常生活中的"暗黑"规则与特异行为。

我们人类在日常生活中也不免会有各种各样的烦恼。也许你可以在本书中找到共鸣，获得解决烦恼的启示。

今泉忠明

目 录

第1章 过于严苛的"群居"法则

第2章 沉重的"家庭"负担

第3章　重重压力下的"日常生活"

第4章 人类，你们对我有所误解

导 读 本书中，动物们通过参加吐槽大会，
倾诉它们各自的烦恼

1 想要倾诉的生物的名字、烦恼、性别、年龄以及自我介绍。

2 按照吐槽的犀利程度分为五个等级，越是"自认为无法承受"的，犀利度越高。

3 说明生物的生活方式及产生不可思议行为的原因。阅读此文就可以了解它们的烦恼因何而来。

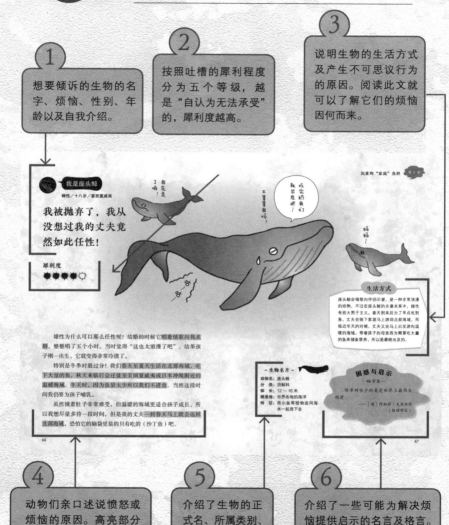

4 动物们亲口述说愤怒或烦恼的原因。高亮部分的行为同样适用于人类世界，是需要重点关注的。

5 介绍了生物的正式名、所属类别、体长等信息。选取的是符合内容的代表性品种。

6 介绍了一些可能为解决烦恼提供启示的名言及格言。人们阅读后可能会有恍然大悟之感，也可能只是点头认同，因人而异。

※ 编者在不影响原文意思的基础上选取了部分格言。

9

实在是没天理,
雌性太彪悍啦!

第 1 章

过于严苛的
"群居" 法则

集群生活有利于抵御天敌，但集群生活也容易引起争斗。为了避免争斗，"群体"内形成了严苛的法则。动物们每天都在一边谋求生存一边纠结着：是选择在群体中安全地生活，还是为了追求自由而离群索居。

我是灰狼

雄性／三岁／在族群中排行第四

正在纠结
"是否要离群生活"。

犀利度

★★★★★

别哭了！

嗷嗷嗷嗷嗷……

在狼群中，头狼也太霸道了吧？！

在狼群中只有头狼有繁衍后代的权利，我对该法则持保留意见。我所在的狼群共有八只狼，但除了头狼和它的配偶，其他都是下属，也包括我。

半年前，头狼的孩子出生了，抚育幼崽的工作落到了我的肩上。好不容易抓到的鹿，我会先把肉吞下去，再回到幼崽身边，吐出类似于辅食的半消化食物喂给它们。"徒有父母之名啊"，我真想把这句话送给它们的父母，可是我想说又不敢说。

"独狼"这个词语，让我们给人类留下了非群居动物的错误

哇～

太好了～

好吃吗？

在下捕食的肉怎么样？

- 生物名片 -

动物名：灰狼
分　类：犬科
体　长：1 ～ 1.5 米
栖息地：北美洲、格陵兰岛、欧洲、亚洲
特　征：又名平原狼。是濒临灭绝的狼种

生活方式

狼通常群居生活，8 ～ 15 只为一群。狼群中存在着森严的等级关系，头狼拥有绝对权威。头狼可以全权决定族群的前进方向和行动，族群的其他成员必须服从。有时"独狼"会为了创建自己的族群而离开狼群单独行动，但可能会受到其他狼群的攻击或捕杀。

印象，其实狼群属于森严的等级社会。算了，反正我也在考虑要不要离开狼群独自生活了，大家有什么好的建议吗？

困惑与启示

—格言集—

既然无论如何都会被批评，那么只要是你认为正确的事情就大胆去做吧。
——［美］安娜·埃莉诺·罗斯福
（人权活动家）

怎样才能吸引异性的目光，快速脱单呢？

犀利度

●●●◌◌

即使联合起来也得不到异性的青睐·

天啊，好帅啊！

扑通

扑通

　　各位不好意思，我想请教一个奇怪的问题。请问怎样才能获得雌性的青睐呢？

　　什么？！你说"在雌性面前展示自己扇子一样的尾羽"，我当然试过啦。上次开屏的时候，一阵大风刮过，我一下子就摔倒了。唉，顺便说一下，"羽毛上的眼状斑越多越受欢迎"的说法并不靠谱哦。我真想大吼一声："骗人的家伙快滚出来！"

　　总之，本人就是一只完全没有异性缘的雄性孔雀。我无论怎么努力也得不到异性的青睐。话说，前几天我们这些落败的雄性孔雀，还试图联合起来组团求偶呢。我们想着如果所有孔雀一同

- 生物名片 -

动物名：蓝孔雀
分　类：雉科
体　长：90 ～ 230 厘米
栖息地：南亚
特　征：雄性孔雀会为了吸引雌性
　　　　孔雀而展开尾羽

体形越大、叫声越
洪亮的雄性孔雀越
受雌性孔雀青睐！

生活方式

人气较高的雄性蓝孔雀会与多只雌性交配并
孵化雏鸟。这种实行"一夫多妻制"的动物
并不罕见，大猩猩和鹿也属于该类型。而那
些不受异性欢迎的雄性孔雀会联合起来，意
图与人气高的雄性孔雀争宠，但大多徒劳无
功。它们无论如何努力都得不到异性的青睐。
这样看来，还是人类更善于随机应变啊。

开屏的话，应该格外灿
烂夺目吧，就像开 party
那样。

　　但是，毫无效果。
做什么都无济于事，没
有一个异性喜欢我。我
已经绝望啦。

困惑与启示

—格言集—

　　别对生活太认真了，否则你将永
远无法活着逃出去。

——［美］阿尔伯特·哈伯德

（作家）

 我是狮子

雄性／八岁／爱惜鬃毛

最近我非常担忧，上了年纪后是否仍能保护族群。

犀利度

●●●●●●●

我现在非常担心以后是否仍有能力保护我的家人，但这些话我是绝对不会对我的妻儿提及的。

前几天，我在树荫下午睡的时候，看到远处有年轻的雄狮虎视眈眈，我当时不禁想"这一天终于还是来啦"。

大概，我的族群被它们选为攻击目标了吧。任何一头雄狮在成年后，都会寻找机会接近其他狮群，对狮群头领发起挑战。如果胜利，它就会成为该族群的新头领，失败则可能会被杀死。这就是雄狮的宿命。

虽然心理上我不认为自己会输给年轻的雄狮。但现实情况是，我今年已经八岁了。雄狮的平均寿命大约为十年，我的体力的确大不如前了。

如果我战败，我的孩子就会被全部杀死，我真不想面对这样的局面啊！

生活方式

白天，雄狮们在树荫下无所事事地趴着，将狩猎和照顾幼狮的工作全部交给了雌狮。看似十分懒惰，实际上它们只是习惯夜间活动。夜晚，雄狮为了保卫领地会在周围巡视。此外，狮王还要接受年轻雄狮的挑战，如果战败，会被赶出狮群，甚至死亡。因此白天雄狮会尽可能地保存体力。

- 生物名片 -

动物名：狮子
分　类：猫科
体　长：1.4～2.5 米
栖息地：非洲、印度
特　征：猫科动物大多独来独往，但狮子属于群居动物

困惑与启示
—格言集—

即使走投无路也不要放弃。也许你站在悬崖边缘之时，就是新的机遇到来之刻。

——［日］松下幸之助
（企业家）

 我是山羊

雌性／三岁／正在照顾二儿子

我听不懂孩子
它姥姥在说什么。

犀利度

●●○○○

我想请教一下大家，"咩～耶"的叫声你们觉得奇怪吗？

我小时候生活在山上，长大后去其他地方的羊舍生下了孩子，最近又回到了故乡的山上。但是，令我吃惊的是，我听不懂孩子姥姥（我的妈妈）说的话了。

我妈妈会发出"咩～耶"之类的叫声，最后的"耶"好像是"在吗"的意思。可能我有些过于较真了，但是我真的非常介意……

最开始我用"我可能受到了羊舍那边方言的影响"来说服自己，但是最近，我发现二儿子开始模仿它姥姥的叫声了，这让我不知所措。我们山羊的叫声只有寥寥几种，所以交流顺畅是非常重要的……

- 生物名片 -

动物名：野山羊（波斯野山羊）
分　类：牛科
体　长：1.2～1.6 米
栖息地：从西亚至地中海岛屿多岩
　　　　石的山地地区
特　征：角大而微弯。群居性动物，
　　　　种群数量大多超过 100 只

生活方式

最近的研究表明，出生地或年龄不同的山羊，叫声都会有微妙的差异，类似于人类的"口音"或"方言"。实际上，猴子和海豚中也存在类似的"方言"问题。山羊的叫声种类较少，虽然可能造成交流不便，但由于它们可以通过胡须产生的气味来确认彼此的状态，因此似乎并未带来严重的影响。

困惑与启示

—格言集—

　　所谓善于与人相处，就是能够宽容他人。

——[美] 罗伯特·佛洛斯特

（诗人）

我是野猫

雌性／五岁／有小孩

每天被邻居邀请参加聚会，我好为难啊！

犀利度

大家对"聚会"有什么看法呢？

我在日本东町的一所空房子中生下了孩子，小孩刚满两个月时，附近的猫妈妈就招呼我："有聚会，来参加啊！"在那之后的每天晚上，我一定会在神社或停车场等地现身。

聚会大多晚上七点开始，九点左右结束。参会人员包括虎纹老爷爷和它的夫人，一对住在便利店后面有点小混混模样的夫妇等，每次大约有五六只。

我们的觅食范围好像与临街的那伙野猫有部分交集。特别是

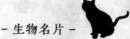

- 生物名片 -

动物名：日本猫（三色猫）
分　类：猫科
体　重：约为4千克
栖息地：日本
特　征：尾巴较短，毛色多为白色、黑色和茶色。据说三色猫是1000多年前从中国引进到日本的

生活方式

每天晚上猫都会"聚会"，无论雄雌每次都会有3～6只猫参会。聚会上，所有猫都懒洋洋地坐着，也没有什么特别的目的。不过为了这些猫所在地区的社会安定，它们需要互相混个脸熟。这样，当外来猫入侵时，它们就可以马上将它驱逐出去。

公寓扔厨余垃圾的时候，很容易因抢夺食物发生争斗。因此，团队成员有必要互相混个脸熟，不过只是名义上的聚会，实际上什么事都没有只干坐着。这也太浪费时间了吧！

困惑与启示
—格言集—

　　要仁慈，你所遇见的每个人都在打一场艰难的仗。

——柏拉图
（古希腊哲学家）

21

我是日本猕猴

雌性／七岁／钟爱橘子

只有地位高的猴才
能尽情地泡温泉！

犀利度

★★★☆☆

我先走啦～

压力好大啊，我都快掉毛啦。大家有什么办法吗？

我生活在日本长野县一个叫作地狱谷的地方，我们这里一到冬天便白雪皑皑，天气非常寒冷。山上的温度有时会降至 –10℃左右，河流也会结冰。

至于令我烦恼的事情，就是在这种天寒地冻的天气里，我们必须整天在外面寻找食物。冬天的食物本来就少，我们却不得不为了维持体温而不停地吃树叶之类的食物。

在如此艰难的冬天，我们唯一的乐趣就是泡温泉啦。泡在温泉中太舒服啦，我感觉自己就像开悟了一样，简直万物皆空。

吱吱

服啊，啊，好舒~

- 生物名片 -

动物名：日本猕猴
分　类：猴科
体　长：47 ～ 61 厘米
栖息地：分布于日本的下北半岛至屋久岛的森林中
特　征：脸颊和臀部均呈红色。在英语中日本猕猴被称为"Snow Monkey（雪猿）"

生活方式

最近，日本京都大学的研究小组在调查中发现，泡在温泉中的雌性日本猕猴粪便中的应激激素（stress hormon）含量较低。也就是说，温泉具有帮助日本猕猴舒缓压力的功效。不过，族群中地位低的雌性猕猴必须先于地位高的雌性猕猴离开温泉。这一点也体现了它们人性化的一面。

但是，猕猴族群中有一条不成文的规定，地位较低的雌性猕猴必须先离开温泉。这种无形的压力让我不堪重负，我觉得这条规定真的不知所谓。

困惑与启示

—格言集—

想要改变别人，先要改变自己。
——［印］圣雄甘地
（政治家、革命家）

我是蚂蚁

雌性／一岁／喜欢巧克力

生命的价值在于工作。
凭什么有些蚂蚁
就可以不工作啊！

犀利度

★★★★☆

　　在我看来，蚂蚁存在的意义就是为蚁后工作，因为我们采集食物的数量决定了蚁后的孩子是成为下一任蚁后还是工蚁。一般而言，我们的追求应该只有"努力工作"！

　　不过，你们知道吗，所有蚁巢中都有20%左右的蚂蚁是不工作的。我每次看见它们都忍不住感叹："它们的存在有什么意义呢？！"

　　哦，我当然知道，它们并非在消极怠工。毕竟我们也是在蚁后分泌的信息素的影响下被迫工作的。不过，尽管雄蚁也不工作，但它们负责与蚁后交配并留下孩子啊。而且，它们交配后很快就

- 生物名片 -

动物名：切叶蚁
分　类：蚁科
体　长：约 12 厘米
栖息地：中美、南美
特　征：它们利用颚部切下树叶并
　　　　带回巢穴，再用叶子培养
　　　　真菌

生活方式

蚂蚁们组成了以蚁后为首的社会性群体。工蚁们孜孜不倦地运送食物喂养蚁后，不过它们中有 20% 其实是不工作的。原因有两点，一是防止所有蚂蚁精疲力竭，造成没有工蚁照顾蚁后，还有一点是防止因天灾等原因造成巢穴环境巨变时全军覆没。

会死亡。作为雌蚁却不工作，不禁让我质疑："你们凭什么啊？！"

困惑与启示

—格言集—

我们不一样，我们都很棒。

——［日］金子美铃
（诗人）

我是非洲草原象

雌性／四十二岁／我想要自由

虽然我的母亲是象群头领，但我还是会坚持自己的想法！

犀利度

★★☆☆☆☆

跟着姥姥走！

最近我和妈妈吵架吵得太凶了，我都有点讨厌它了……

我的妈妈今年五十六岁，是我所在的象群的头领。我们的族群内共有八头雌象，除了我和妈妈外，还有我的两个妹妹以及我和妹妹的四个孩子。雄象不生活在族群中，只有交配期才会回到群体中。因此，象群的头领都由族群中年龄最大的雌象担任。

我们之所以吵架是因为我对妈妈的判断提出了异议。现在我们所在的地区水草越来越少，因此妈妈决定向南迁徙，但是我认为今年降雨量较少，向北迁徙比较好。但是，我的妈妈十分固执，扬言"一定要去南面"。

妈妈？！

姥姥~

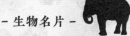

– 生物名片 –

动物名：非洲草原象
分　类：象科
体　长：6 ～ 7.5 米
栖息地：撒哈拉以南非洲的森林和
　　　　热带稀树草原
特　征：被称为陆地上最大的动物。
　　　　雄象和雌象都长有长长的
　　　　象牙，其中雌性的象牙更
　　　　加细长

生活方式

一头非洲象一天可以吃掉 150 ～ 200 千克的
草和果实，喝掉 100 升（约半浴缸）的水，
因此它们一直逐水草而居。象群的前进方向
是由年龄最大的雌象决定的。不过，头领的
判断也不一定正确，也会出现路线错误，酿
成因饥渴困顿而象群无一存活的惨剧。

要知道，如果迁徙
方向有误，会导致我们
族群无一存活，因此无
论如何我都不会妥协
的！

困惑与启示

——格言集——

无论结果如何，都要讲真话。
——［美］埃伦·格拉斯哥
（小说家）

我是束带蛇

雄性／三岁／冬眠第五个月

求偶太辛苦，
我快被折磨死了！

犀利度

●●●●●●

密密麻麻

来啊~怎么还不

春天马上就要来了。我想请教一下诸位前辈，求偶活动结束后，我能活着回来吗？

我现在正在洞穴内冬眠，已经快半年没吃过任何东西了。算了，冬眠中迫不得已忍耐一下也无所谓，但是，近一万条雄蛇密密麻麻地挤在同一个洞穴内真的有必要吗？

此外，据说春天到来后即使我们爬出洞穴，在雌蛇到来前我们还需要再等上四个星期。整整四周啊，小老鼠都长大了啊。要是蚁蛉的话，都已经死了一茬了吧。

仅是如此，我们就已经快饿死了。但等雌蛇一来，我们一百

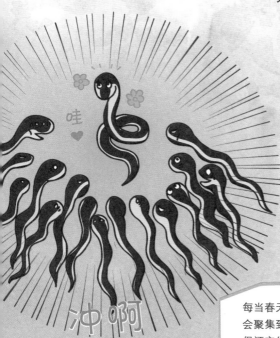

- 生物名片 -

动物名：束带蛇
分　类：游蛇科
体　长：全长约为 120 厘米
栖息地：北美、中美
特　征：各种束带蛇的身体都很细
　　　　　长，长有粗糙且凸起的鳞
　　　　　片。红边束带蛇的雄蛇在
　　　　　繁殖时会盘绕成球状

生活方式

每当春天到来，雄性束带蛇和雌性束带蛇就会聚集到同一个地方，孕育后代。这样可以保证它们的交配成功率，留下更多的后代。不过，数量实在太多了。有时可能一次性聚集 5 万条以上的雄蛇，它们刚刚出蛰，腹内空空，就必须马上争夺交配权。这种行为可能会加速雄蛇的老化，缩短它们的寿命。

条雄蛇还要去争夺一条雌蛇。相对于繁衍后代，我现在更担心自己能否活着回来。

困惑与启示

—格言集—

在战争中坚忍的强者才能获得胜利。
——［日］德川家康
（日本战国武将）

29

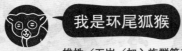 我是环尾狐猴

雄性／五岁／加入族群第二年

"女上司"的性格太恶劣了！

犀利度

●●●●○

请问，我想靠近中间一些，可以吗？

嗯嗯～

　　我已经筋疲力尽了，我觉得以后待在这个族群中也没什么前途可言。

　　在我们族群中，有两只性格极其恶劣的雌猴，稍有令其不悦的事情发生，它们就会马上吼叫起来，有时还会撕咬和暴打我们。

　　狐猴族群中本来就是女尊男卑，如果在雄性中地位也不高，那就是惨上加惨了。

　　我们必须一直向雌猴发出讨好的叫声，即便如此，想进入族群中也会挨打，所以我们不得已只能待在离族群稍远一些的地方。我们何止是被"冷眼相待"，简直是在"坐冷板凳"啊。我真的

啊?

- 生物名片 -

动物名：**环尾狐猴**
分　类：狐猴科
体　长：31 ～ 48 厘米
栖息地：马达加斯加岛西南部的干
　　　　燥森林以及河边的森林中
特　征：只有早晨和傍晚才出来活
　　　　动。白天在树荫下休息

生活方式

在环尾狐猴的族群中，位于中间的是最强壮的雌性首领，内侧是其他雌猴及地位较高的雄猴，最外侧是地位较低的雄猴。族群外侧容易被鹰或马岛獴等肉食动物袭击，处境非常危险。因此，地位卑微的雄猴会发出"嗯嗯"的叫声，努力讨好性格较好的雌性，试图进入族群内侧。

没有开玩笑。

反正雄猴一般 3 ～ 5
年就会投奔其他族群，
我也差不多该走了……

困惑与启示

—格言集—

与别人在一起的时候，才是最孤独的时候。

——马库斯·图留斯·西塞罗
（古罗马政治家）

我是吸血蝠

雌性／三岁／当妈的第一年

不回礼就会被孤立！

犀利度

我有一件要紧的事，想请教一下大家。如果各位收到了别人赠送的礼物，会如何回礼呢？

我平时如果吸食了很多血液，会将其分给其他饿着肚子的蝙蝠。但是，这次的情况有点复杂……

之所以这样讲是因为，上次我收下了一只蝙蝠分给我的血液，并和它约定"下次还你哦"，但实际上在那之前我已经从另一只蝙蝠那里分到了一些血液。我们族群不是有条不成文的规定嘛，不肯分享血液的蝙蝠会被大家孤立的。因此，如果得到了别人的馈赠却不回赠的话，就会被大家排斥。

但是，吸食一次血液要花费三十分钟，加之如果吸食过量，体重就会增加近两倍导致飞不起来，实在是太麻烦啦。

生活方式

雌性吸血蝠会为了给幼崽保暖并抵御天敌的攻击而群居生活，每个族群大约有100只雌性吸血蝠。吸血蝠两天不进食就会饿死，因此族群中如果有未进食的吸血蝠，其他吸血蝠会把自己的食物分给它。不过，族群中也不乏一些吝啬鬼，它们不愿将自己吸食的血液分给别人。那么，当这些吸血蝠挨饿的时候，也无法从其他吸血蝠那里获得血液。

- 生物名片 -

动物名：吸血蝠
分　类：吸血蝠科
体　长：7.5～9厘米
栖息地：墨西哥北部至南美
特　征：唾液中含有能够防止
　　　　血液凝固的物质

困惑与启示

—格言集—

想和所有人交朋友，那你就没有朋友。

——［德］费弗尔
（植物学家）

我是吻双蟾鱼

雄性／一岁／求偶中

我们凭借歌声吸引恋人，多练习我能唱得更动听吗？

犀利度

●●○○○

旋律太棒啦!

♪go-bu～go♪
go-bu～bu♪
go-bu～go♪

唱歌越好听的吻双蟾鱼越受欢迎!

前几天有件事沉重地打击了我，我想和大家分享一下。

我最近正在求偶，为了获得雌性的青睐还创作了原创歌曲。虽然第一次演唱的时候有些紧张，但这首歌是我的得意之作，因此我努力唱完了。

后来我接着唱了很多天，终于有一只雌性被我吸引过来了。我心里暗爽的同时却不敢懈怠，尽全力演唱着我的歌曲。但是，就在那时，我听到了一个声音。

"Go-bu～go-go-bu～bu～"

我回头一看，发现另一只雄性吻双蟾鱼一边演唱着动人的歌

－生物名片－

动物名：吻双蟾鱼
分　类：蟾鱼科
体　长：约 37 厘米
栖息地：巴拿马至巴西的浅滩
特　征：背部为茶色，带有黑色斑
　　　　纹。腹部为浅茶色

生活方式

蟾鱼大多生活在海底岩石之间，吻双蟾鱼是蟾鱼的一种。雄性吻双蟾鱼可以发出"go"的短音和"bu"的长音，还可以将两种音节组合起来形成原创歌曲，用来吸引雌性的注意。当一只雄性吻双蟾鱼唱歌时，其他的雄性有时也会加入，进而变成歌唱比赛。不过，如果它演唱的是原创歌曲，就不容易受到干扰。

曲，一边慢慢靠近我们。于是，我毫无还手之力地输了。它的曲风独特，我这种半吊子完全无法与之相提并论。

最后，我只能默默地看着那只雄性吻双蟾鱼将我好不容易吸引来的"女朋友"带走了。

困惑与启示
—格言集—

不要拿自己与世界上的任何人比。如果你把自己和别人比较，那是对自己的侮辱。

——［美］比尔·盖茨
（企业家）

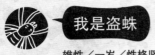

我是盗蛛

雄性／一岁／性格坚韧

女方太任性了，
简直不可理喻！

犀利度

●●●●●●

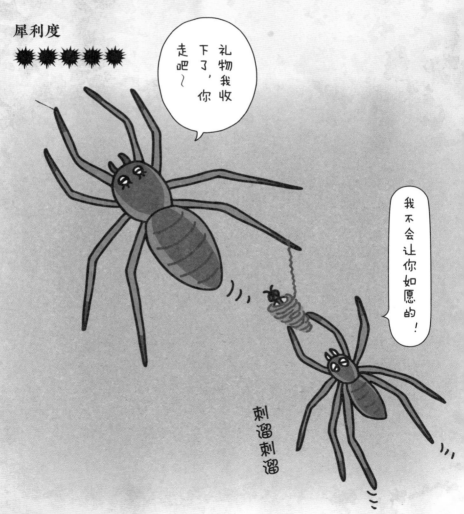

我真的要被气死了。

最近，我深深地喜欢上了一只雌性盗蛛。因此，上次我一鼓作气抓住一只超大个儿的苍蝇，仔细地捆绑上蛛丝并将其作为礼物送给了它。

没想到，它看见礼物"哼"了一声，丢下一句"拜拜"就想带着礼物离开。太不可思议了吧？！我脱口而出"请等一下"。

但是，它却告诉我"我不想和你交配"。因此，我急中生智开始装死，并顺势抱住礼物，让它将我和礼物一同拖入巢穴内，借机混入了它的家。

大家来评评理，我并没有使坏，是它先耍无赖的，对吧？

生活方式

雄性盗蛛为了获得与雌性盗蛛交配的机会，会将苍蝇等昆虫用蛛丝捆绑起来送给雌性盗蛛。虽然不送礼物也可以交配，但这种情况下，雄性盗蛛很大概率会被雌性盗蛛吃掉。另一方面，赠送礼物也不一定就可以获得交配的机会，发生这种情况时雄性盗蛛就会装死并紧紧抱住礼物。想必雄性盗蛛已经对雌性盗蛛无可奈何了吧。

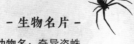

- 生物名片 -

动物名： 奇异盗蛛
分　类： 盗蛛科
体　长： 7～15米
栖息地： 欧洲全境以及北非至亚洲的温带地区
特　征： 雄性盗蛛会将自己团成球，为了让雌性盗蛛看到礼物它用颚部将其举起来向雌性求爱

困惑与启示

—格言集—

所谓恋爱，就是两个人一起变傻。

——［法］保尔·瓦雷里
（作家）

我是寄居蟹

雌性／七岁／搬家成瘾

有只形迹可疑的雄性尾随我，觊觎我的房子！

犀利度

⚫⚫⚫⚫⚪

　　紧急求助！谁能帮帮我？！

　　昨天晚上，我待在螺壳内准备睡觉的时候，听到旁边传来了窸窸窣窣的声音，我慌忙探出身来，发现有一只年轻的雄性寄居蟹正往远处逃去。

　　我觉得它是来抢夺我的"房子"的。因为，处于成长期的寄居蟹随着身体的增大，必须不断地更换更大的贝壳。

　　但是，如果一些寄居蟹急于寻找新的贝壳，有时就会用自己的壳撞击他人的壳，将其从壳中强行赶出去。还有一些寄居蟹会把有毒的海葵装在螯肢上，将自己武装起来。

唉～

它的壳真好看，好想得到啊～

- 生物名片 -

动物名：光螯硬壳寄居蟹
分　类：寄居蟹科
体　长：1.2厘米
栖息地：西太平洋至印度洋以及萨南群岛
特　征：它们起初生活在螺壳内，长大后更喜欢占据厚而有分量的贝壳

生活方式

寄居蟹和虾同属甲壳类动物。但是，寄居蟹没有用于保护身体的外壳，因此，需要寄居在贝壳内以保护柔软的躯体。但是，相对于寄居蟹的数量，无论哪里的贝壳数量都很少。因此，有些寄居蟹会强行抢夺其他寄居蟹的壳，或者背着空罐头盒、塑料瓶生活。

有些寄居蟹的贝壳被夺走后，迫不得已，只能背着人类丢弃的罐子或塑料瓶生活，想到这里我更加惴惴不安，当晚就失眠了……

困惑与启示

—格言集—

如若争夺，此会不足；如若分享，此有剩余。

——［日］相田光男
（书法家）

 我是裸鼹鼠

雌性／十岁／身材丰腴

负责保暖！

我被要求做着自己
不喜欢的工作。

犀利度

负责挖掘洞穴！

我想请教一下大家，不得不去做自己不喜欢的工作时，大家是如何提起干劲的？

众所周知，我们裸鼹鼠的族群是以王后为头领的等级社会。王后之下是与王后繁殖后代的几只雄鼠以及保卫洞穴的士兵，接下来就是负责采集食物、挖掘洞穴等的工鼠。其中，我的工作是"保暖"——为了防止女王的孩子们受冻我需要整天紧挨着它们。

我知道这份工作同样重要，但偶尔也会冒出"我们为什么没有毛"之类的疑问。如果可以长毛就好啦，这样的话，就不需要和幼崽挤在一起，女王也不会见缝插针地趴在我身上了吧。

王后

大家不要偷懒，努力干活！

- 生物名片 -

动物名：裸鼹鼠
分　类：滨鼠科
体　长：8～9厘米
栖息地：埃塞俄比亚、索马里、肯尼亚
特　征：体表几乎无毛，在地下生活

生活方式

以"丑萌"著称的裸鼹鼠是一种全能型动物。它的智商很高，具有辨别和使用17种不同叫声的能力。它们身体强健，平均寿命可达30年。实验结果表明，裸鼹鼠极少患上癌症，还能在缺乏氧气的环境中存活18分钟。此外，等级严明、社会分工严格也是裸鼹鼠的另一特征。如此看来，作为"高配"鼠类的一员，工作却是保暖，着实有些可惜呢。

不过，在蛇袭击洞穴时，负责守卫的裸鼹鼠需要以身饲敌保护洞穴，这份工作也绝不轻松啊，对吧？

困惑与启示

—格言集—

至上的处世之道，非妥协而是适应。
——［德］格奥尔格·齐美尔
（社会学家）

我是长臂猿

雌性／十一岁／生活在乡下

邻居太吵了，
让我十分烦躁。

犀利度

吼
～
吼
～

大家帮我评评理，是我太神经质了吗？

我的家族生活在东南亚的热带雨林中，每天早上五点，隔壁家族就开始"吼～吼～"地大声唱歌，大约持续三十分钟。别提多吵了。

我虽然想找它们直接理论，但不知道它们所在的具体位置，因此没办法沟通。长臂猿的歌声非常嘹亮，可以传到四千米之外，因此即使听见声音也看不到对方。

但是，默默忍受也太憋屈了吧？因此，我和丈夫就和它们对唱。最近，我的孩子也加入进来，我们一家人组成了合唱团。

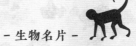

- 生物名片 -

动物名：白掌长臂猿
分　类：长臂猿科
体　长：42 ～ 59 厘米
栖息地：东南亚热带雨林
特　征：雄性和雌性白掌长臂猿的
　　　　体重相差不大，均长有发
　　　　达的犬齿

吼～吼～

生活方式

长臂猿家族早上大声吼叫是为了避免与其他家族相遇。如果相遇，它们就必须互相恐吓，驱逐对方。为了避免争斗，它们需要通过歌声告知对方自己的领地范围。长臂猿的食物非常充足，和谐相处也未尝不可，但它们似乎并无此意。

　　我知道对方可能是在通过唱歌的方式宣告自己的领地范围，不过能不能换一种不那么扰民的方式啊？！

困惑与启示

——格言集——

以火制火者，自身也会化为灰烬。
　　　　——［美］阿比吉尔·范布伦
　　　　　　　　　　　　（记者）

我只想更加
自由一些～

第2章

沉重的
"家庭"负担

理想家庭中要有坚实可靠的父亲和温柔体贴的母亲,但在自然界中,这样的"家庭"几乎不存在。父亲离家不归,母亲对孩子不管不顾,不听话的孩子还要挨打。只有努力挣扎求生的幼崽才能长至壮年。

我是大熊猫

雌性／七岁／竹子爱好者

双胞胎太难养了！
我不得不二选一。

犀利度

★★★★★★

三天前我生孩子了，是一对双胞胎。我开心的同时又满心不安。

说实话，我觉得我没办法同时抚育两只幼崽。如果丈夫能帮我采集食物就好了，但是雄性大熊猫对抚养幼崽一概不管不问。我一个人真的没办法抱起两只幼崽，其中一只会掉下去的。

如果营养不足，我就无法分泌出足够的乳汁喂养两只幼崽。我们食用的竹子，本来就没有多少营养。因此，一直以来我们每天都必须花费十六个小时采集和摄取食物。在这种情况下，如何才能挤出时间照顾孩子呢？

生活太艰难啦，我觉得我只能将体形较小的孩子抛弃了。

生活方式

大熊猫生双胞胎的概率很高，为40%～50%。但它们通常只会抚养体形较大的那只，另一只被抛弃的就会饿死。弱小的那只熊猫幼崽只是体形较大那只因疾病夭折时的"备胎"。虽然很残忍，但这也是保证大熊猫种族在严酷的自然界存活至今的规则之一。

- 生物名片 -

动物名：大熊猫
分　类：熊科
体　长：1.2～1.5米
栖息地：中国中西部的竹林
特　征：刚出生的熊猫幼崽体
　　　　　重仅为100～150克

困惑与启示

—格言集—

人生悲剧的第一幕，始于成为父母子女。

——［日］芥川龙之介
（小说家）

我是绒顶柽柳猴

雄性／四岁／正在学习育儿

"奶爸"原来
这么辛苦啊！

犀利度

●●●○○

人类世界有一个时髦的词汇——奶爸，对吧？

"奶爸"指的是父亲代替母亲负责照顾孩子。我觉得这种观念非常好，因为我爱我的妻子，我的孩子也很可爱。

但是，从开始照顾孩子到现在已经一个月了，真的好累啊……其他先不谈，我们说说体重。我的体重是六百克，孩子的体重是一百克，而且我有两个孩子哦！这就相当于一个体重为六十千克的人，脖子上挂了两只柴犬。

如果只是这样也还能忍受，但我们生活在高达四十米的树上！虽然我们的名字很奇怪，但也是猴子的一种，是要生活在树上的。

背我～

爸爸！

照顾小孩实在太累啦～

- 生物名片 -

动物名：绒顶柽柳猴
分　类：卷尾猴科
体　长：21～29 厘米
栖息地：哥伦比亚西北部的森林
特　征：头部的毛为白色。生活在
　　　　河岸或藤蔓滋生的森林中

生活方式

雌性绒顶柽柳猴在幼崽出生后不久，就会将其交给雄猴。在接下来的三个月中，雄猴会寸步不离地照顾幼崽。幼崽像"围巾"一样紧紧地抱住雄猴的脖子，只有在喝奶时才会回到雌猴身边。英国大学的研究显示，热衷于照顾幼崽的雄性更受雌性绒顶柽柳猴的欢迎。

不仅如此，理毛、陪玩等一系列工作也都是由我一个人完成的。

我的妻子只有在喂奶的时候才会抱起幼崽，其他时间一直都在吃东西。

困惑与启示

—格言集—

家庭并非天然存在的，而是需要用心经营。

——［日］日野原重明

（医生）

雌性／六岁／深爱丈夫

雏鸟实在太重了，
究竟要背到什么时候呢？

犀利度

我现在正在俄罗斯的西伯利亚地区照顾孩子。我每年的春天至夏天生活在西伯利亚，秋天至冬天生活在日本的北海道，这是我们家族的生活习惯。今年六月我生下了三只雏鸟，我以前真的不知道照顾孩子竟然这么辛苦。

虽然我的孩子们生下来两三天就可以游泳，但稍有不适，它们就会喊着"妈妈背我～妈妈背我～"向我哀求。没办法，我只好让它们爬上我的后背，但同时背三个孩子一点也不轻松，瞬间我就被压垮了。

我仔细地观察了斑嘴鸭的孩子们，它们都乖乖地排好队跟在妈妈后面游泳，羡慕之情不禁涌上心头。孩子们必须要和我一起飞回日本呢，这样下去不会出问题吧……

生活方式

5～6月，天鹅在西伯利亚地区繁衍。虽然雏鸟出生几天后就可以游泳，但很多雏鸟仍需要待在妈妈的背上。因为西伯利亚夏季的温度也不高，妈妈的体温可以帮它们保暖。此外，在遇到敌人攻击、需要将雏鸟隐藏起来，或者雏鸟游泳疲累的时候，它们也需要待在妈妈的背上。天鹅妈妈真的十分忙。

- 生物名片 -

动物名： 大天鹅
分　类： 鸭科
体　长： 140～160 厘米
栖息地： 欧亚大陆、日本北海道和本州
特　征： 喙部一半以上为黄色，冬季生活在湖泊和河流中

困惑与启示

—格言集—

要改变人而不触犯或引起反感，那么，请称赞他们最微小的进步，并称赞每个进步。

——［美］戴尔·卡耐基
（人际关系学家）

我是加拉帕戈斯企鹅

雄性／四岁／怕冷

孩子到了该离巢时，
却完全不能自立。

犀利度

★★★☆☆

不是已经成年了吗……

不过，看着孩子哀求的样子，一不忍心就把鱼给它了……

作为父亲，我是不是应该在孩子雏鸟期时就对它们严格一些呢？

我的孩子三个星期前就离巢了，但是作为一只成年企鹅它却不想自己捕鱼。潜入海水后，只要没抓到鱼，它就会马上放弃，然后，跟在我后面，像个小 baby（婴儿）一样抬起喙部向我哀求"给我点鱼吧"。唉，它的个头已经和我相差无几了，究竟要保留这种雏鸟心态到什么时候啊！

不过我也有错，我想着坚决拒绝，可一看到孩子哀求的样子就把鱼给它了。但是，我也不知道这里的鱼什么时候会被捕捞殆尽。

- 生物名片 -

动物名：加拉帕戈斯企鹅
分　类：企鹅科
体　长：53～55 厘米
栖息地：加拉帕戈斯群岛
特　征：企鹅不只生活在寒冷
　　　　地区，温暖地区也有
　　　　分布，主要以鱼类为
　　　　食

生活方式

加拉帕戈斯企鹅从孵化期开始算起两个月左右就会离巢独自生活。虽然在此期间，它们会观摩父母的捕猎方式，但实际上很多幼鸟离巢后还会缠着父母索要食物。气温较高的年份，海岛周围海水内的浮游生物会大量死亡，无法将以此为食的鱼类吸引过来，有时会导致幼鸟无一存活。

在地球气候逐渐变暖的影响下，近几年鱼类数量逐渐减少……一想到今后我的孩子无法自立，我的心情就变得沉重起来了。

困惑与启示

— 格言集 —

娇生惯养的孩子，更有可能遭遇不幸。

——［法］卢梭
（哲学家）

妈妈要生二胎了，我十分担心
宝宝能否顺利降生

犀利度

⚫⚫⚫⚫☆

好高啊！

2米

　　宝宝马上就要降生了，它是我的第一个弟弟或妹妹，因此我十分期待见到它。

　　但是有件事我非常担心，我妈妈实在太高了。从脚到头顶高近六米，大概相当于两层楼的高度。在长颈鹿中，妈妈的身高是数一数二的。

　　话题回到我担心的那件事，就是因为我妈妈太高了，宝宝降生的瞬间就会从两米高的地方掉下来。我出生的时候，十分幸运地调整了降落的姿势才得以顺利降生，但现在我非常担心宝宝会不会磕到头。

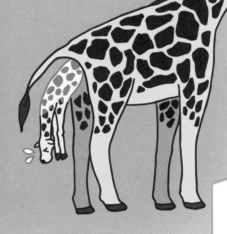

希望顺利降生吧～

- 生物名片 -

动物名：长颈鹿
分　类：长颈鹿科
体　长：3.8～6米
栖息地：撒哈拉沙漠以南的热带稀
　　　　树草原
特　征：利用45厘米长的舌头卷
　　　　食树叶。寿命可达20年
　　　　以上

生活方式

长颈鹿是世界上最高的动物，在人类已经发现的长颈鹿中，身高最高纪录近6米。长颈鹿是站着产子的，所以幼崽出生时的高度有时可达2米。在掉落地面时会发出巨大的"咚"的一声。虽然可能摔得有些痛，但幼崽在掉落时会调整姿势，因此几乎不会受伤。

此外，我还担心宝宝降生三十分钟后能否站起来。因为如果不能马上站起来行走，就有可能遭到狮子等猛兽的袭击。

困惑与启示

—格言集—

生于世间，本身就是最大的机遇了吧！

——［巴西］埃尔顿·塞纳
（赛车手）

雌性／九个月／正在练习跳跃

妈妈紧闭育儿袋，不让我进去了。

犀利度

妈妈现在一定很讨厌我吧……

在我能够跳出袋外玩耍之后的某一天，妈妈突然拒绝我进入育儿袋了。在我想爬进袋内的时候，妈妈用力收紧了袋口。

虽然外面的世界很精彩，但我还想待在妈妈的袋子里。因为从出生开始我已经在袋子中生活了八个月了。

而且，我偶尔也会有想要喝奶的时候。在妈妈奶水的哺育下，我从豆粒大小发育到如今这么大，出生后的六个月里，我一直含着妈妈的乳头不断地喝奶。

我想妈妈可能是不愿意清理我排泄在育儿袋中的粪便了吧。如果是这样，从下次开始我一定会注意，改为在外面排便的。

生活方式

袋鼠幼崽刚出生时体长约 2.5 厘米，体重仅为 1 克，与 1 日元硬币重量相当。出生后的半年内，幼崽会一直含着母亲的乳头不断喝奶，而母亲需要用舌头将育儿袋中的粪便清理干净。在幼崽能够跳出袋外活动后，袋鼠妈妈会紧闭育儿袋并准备孕育下一个孩子。

- 生物名片 -

动物名：东部灰大袋鼠
分　类：袋鼠科
体　长：雄性 120 厘米
　　　　　　雌性 100 厘米
栖息地：澳大利亚东部、塔斯马尼亚岛草地至森林地区
特　征：大而长的尾巴用于保持身体平衡。尾部末端为黑色

困惑与启示

—格言集—

父母就像孩子磨牙时所用的骨头。
——［英］彼得·乌斯季诺夫
（演员）

我是袋獾

雄性／一岁／家里的三儿子

我们是四兄弟。我不小心知道了妈妈的可怕秘密！

犀利度
★★★★★★

　　我的妈妈一直都很温柔体贴，它不可能做这种事的……我不相信。

　　二哥告诉我，与我们同时降生的兄弟姐妹，好像还有二十多只，但是生下不久就都死掉了。

　　因为妈妈只有四个乳头。我问："大家轮流吃奶不就行了吗？"哥哥回"并不是这么简单哦"。

　　"妈妈原本就只打算抚养身体健壮的孩子。因此，它让刚出生的我们通过比赛决出胜负，只有胜出的四只才能喝奶。"

孩子们, 吃饭喽～

你们在说什么呢？

假的吧？妈妈不可能做这种事吧？

－生物名片－

动物名：袋獾
分　类：袋鼬科
体　长：50～60 厘米
栖息地：澳大利亚的塔斯马尼亚岛
特　征：现存最大的有袋类食肉动
　　　　物。夜行动物。因受到一
　　　　种奇怪的疾病威胁目前已
　　　　濒临灭绝

生活方式

袋獾是生活在澳大利亚南部塔斯马尼亚岛上的一种小型食肉动物。雌性袋獾每胎会产下 20～30 只葡萄干大小的幼崽。刚降生的幼崽会迅速挪动身体爬向母亲的乳头。但是乳头只有四个，最先到达的那几只才能抢到。这场比赛中的失败者会被活活饿死。

我最开始不相信，但后来发现其他袋獾家确实也都是四个孩子。这应该只是个巧合吧……

困惑与启示

－格言集－

越亲密，越危险。

——［英］托马斯·富勒
（神学家）

雌性／六个月／怒火中烧

辣眼睛！我目击了
丈夫的出轨全过程……

犀利度

●●○○○

我太受打击了，气得到现在都说不出话来。

我们橙腹草原田鼠是鼠类中少有的与同一个伴侣共度一生的品种。我一直都对我丈夫的忠诚度深信不疑。

但是，我好像判断有误。昨天我不小心目击了我的丈夫在追赶一只年轻的雌性，并围着它团团转。一只快八个月的中年田鼠被一只才两个月大的小姑娘迷得神魂颠倒，这不是有病吗？！

它之所以变成这样是因为喝酒。我们橙腹草原田鼠非常喜欢喝酒。我觉察到它最近回来得都很晚，如此看来它多半是一个人喝酒去了，昨天更是醉得不成样子。

颤颤
巍巍～

年轻『美眉』我喜欢～

啊，酒鬼！

- 生物名片 -

动物名：橙腹草原田鼠
分　类：仓鼠科
体　长：9.4～14 厘米
栖息地：北美平原
特　征：在土地中挖掘洞穴，
　　　　放入草或树叶并以
　　　　此为巢穴

生活方式

橙腹草原田鼠与人类十分相似，它们是一夫一妻制。实际上，保持一夫一妻制伴侣关系的动物非常稀少，据说在哺乳类动物中不足3%。不过橙腹草原田鼠喜欢喝酒，饮酒后好像容易出轨。有趣的是，有实验结果表明，"夫妻俩"一同饮酒时，它们的亲密度不变，一方单独饮酒更易出轨。

现在，我的丈夫已经躺在床上窝成一团睡着了。我正在思考接下来该怎么做。要不然索性狠狠地咬它耳朵一口出出气吧……

困惑与启示
—格言集—

婚姻犹如一片荒海，即使有罗盘，也找不到航线。

——［德］海因里希·海涅
（诗人）

为什么和我合住的家庭的孩子都这么缺乏教养呢？

犀利度

⭐⭐⭐☆☆

我对教育小孩这件事的观点一直都是一定要严加管教，大家认为呢？

我们巴塔哥尼亚豚鼠白天外出采集食物，晚上回到挖掘的洞穴内休息，不过我们需要与其他家庭共享洞穴。一般有十几个巴塔哥尼亚豚鼠家庭共同居住在一个洞穴内。嗯，我觉得类似于人类的共享住宅吧。

话说，我现在所在的洞穴内共有三十多只幼崽。嗯，说实话，我觉得它们好吵啊。幼崽们虽然看起来可爱，但是一直在我旁边蹿来蹿去，乱哄哄一片，让人不由得心烦。

— 生物名片 —

动物名：巴塔哥尼亚豚鼠
分　类：豚鼠科
体　长：50～75 厘米
栖息地：阿根廷中部和南部
特　征：繁殖期时，多对夫妻共享
　　　　一个巢穴，共同抚育幼崽

生活方式

十几个巴塔哥尼亚豚鼠家庭共享一个巢穴，共同抚育后代。这样有助于它们保护幼崽免遭美洲狮等天敌的攻击。共同居住时，一定会有某对父母为了照料幼崽而回到洞穴，因此幼崽身边一直都有成年豚鼠看护。不过，它们之间的关系并不好，有些成年豚鼠如果发现其他豚鼠的幼崽靠近，就会咬它们并将其赶走。

此外，在我为了给孩子哺乳回到洞穴的时候，一些我不认识的幼崽就会从洞穴中跑出来向我讨奶喝。我的想法一直都是"就算同为巴塔哥尼亚豚鼠，也不要得寸进尺地认为无论做什么都能被原谅"，大家评评理，是我的脾气太差了吗？

困惑与启示

—格言集—

我们需要仔细思考的是，应该改变的究竟是孩子，还是我们的想法。
——［瑞士］卡尔·荣格
（心理学家）

我是鸵鸟

雌性／六岁／体重超过 100 千克

我可以将其他雌鸟的蛋
当作"诱饵"吗？

犀利度

●●●●○

我是一个月前结婚的，除我之外，我的丈夫还有四个妻子。不过雄性鸵鸟最多可以与六只雌鸟同时结婚，所以这件事我就不计较了。但让我实在无法接受的是，它的其他妻子完全不想抚养孩子。

最近我的丈夫在地上挖出一个巢穴，于是我就在那里产卵了。开始孵化工作后，未经我的允许，第二夫人、第三夫人、第四夫人……依次在我的巢穴周围产卵，加起来一共有五十多枚哦。这也就罢了，它们还把孵化的工作全都推给我，不知去哪里逍遥了。

不过，算了，我不和它们计较。反正我只能孵化最中间的二十多枚卵，我准备将其他夫人的卵当作"诱饵"以防敌人伺机侵袭。

生活方式

鸵鸟将蛋产在地面上，而非树上，因此容易被狮子和鬣狗当作猎物。实际上，有说法认为除"第一夫人"以外的其他夫人们产下的蛋会被用来当作这些猛兽伺机侵袭时的"诱饵"。也就是说，它们会将部分鸵鸟蛋放在巢穴外侧，用以保护位于巢穴中间的"第一夫人"的蛋。

- 生物名片 -

动物名：鸵鸟
分　类：鸵鸟科
体　长：175～275 厘米
栖息地：非洲
特　征：鸵鸟是现存最大的鸟类，奔跑速度快，但不能飞行

困惑与启示

—格言集—

在报复和恋爱方面，女人比男人更野蛮。

——[德]弗里德里希·尼采
（哲学家）

我是座头鲸

雌性／十八岁／喜欢夏威夷

我被抛弃了，我从没想过我的丈夫竟然如此任性！

犀利度

★★★★☆

雄性为什么可以那么任性呢？结婚的时候它唱着情歌向我求婚，整整唱了五个小时。当时觉得"这也太浪漫了吧"，结果孩子刚一出生，它就变得非常冷漠了。

特别是冬季时最过分！我们春天至夏天生活在北部海域，吃下大量的鱼，秋天来临后会迁徙至美国夏威夷或日本南部的温暖海域。冬天时，因为鱼量太少所以我们不进食。当然这段时间我仍要为孩子哺乳。

虽然饿着肚子非常难受，但温暖的海域更适合孩子成长，所以我想尽量多待一段时间，但是我的丈夫一到春天马上就会返回北部海域，恐怕它的脑袋里装的只有吃的（沙丁鱼）吧。

生活方式

座头鲸会唱歌向伴侣示爱，是一种非常浪漫的动物，不过在座头鲸的夫妻关系中，雄性有些大男子主义。春天到来后为了早点吃到鱼，丈夫会抛下家庭马上游回北部海域。而临近冬天的时候，丈夫又会马上出发游向温暖的海域。带着孩子的母亲因为需要吃大量的鱼来储备营养，所以是最晚出发的。

- 生物名片 -

动物名：座头鲸
分　类：须鲸科
体　长：12 ～ 16 米
栖息地：世界各地的海洋
特　征：将小鱼等猎物连同海
　　　　水一起吞下去

困惑与启示

—格言集—

母亲对孩子的爱是世界上最伟大的爱。

——［英］阿加莎·克里斯蒂
（推理作家）

我是琉球兔

雄性／一个月／发育期

我每两天才能见妈妈一次，每次见面仅两三分钟。

犀利度
★★★☆☆

48 小时

差不多该回去了！

我最后一次见到妈妈是昨天晚上，到现在已经一天了，马上就要迎来下一个清晨，但妈妈还没回来。

我大概每两天才能见到妈妈一次。其他时间都是一个人在妈妈为我搭建的巢穴中睡觉。

妈妈一回来就让我喝奶，但是，两三分钟后妈妈马上又出去了。而且，妈妈离开巢穴的时候，一定会用泥土挡住洞口。虽然起初很惊讶，但现在我知道了，这样可以防止野猫或毒蛇发现我们的巢穴。

有时候，我也会产生"好想妈妈多待一会儿"的想法。不过，

- 生物名片 -

动物名：琉球兔
分　类：兔科
体　长：42～52 厘米
栖息地：日本奄美大岛及德之岛
特　征：全身的毛均为黑色，耳朵
　　　　较短，被日本列为"天然
　　　　纪念物"

生活方式

琉球兔是一种只分布在日本奄美大岛及德之岛上的珍稀兔种。琉球兔的幼兔从出生至成年的两个月，都是在巢穴中度过的。幼兔只有在两天一次的哺乳时才能看到妈妈，每次仅两三分钟。琉球兔妈妈积攒奶水的时间与幼崽消化食物的时间相当，因此一般不会让幼兔挨饿。

我知道妈妈正在外面努力打拼，而且每当我感觉到"肚子好饿"时，妈妈马上就会回来。所以，我很喜欢我的妈妈。

困惑与启示

—格言集—

我的生命是从睁开眼睛，爱上我母亲的面孔开始的。

——［英］乔治·艾略特
（作家）

我是斑鬣狗

雌性／六岁／头领

雄性毫无用处！我又要工作又要养孩子已累得筋疲力尽！

犀利度

●●●●○

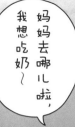

妈妈去哪儿啦，我想吃奶～

爸爸在睡午觉……

　　我现在是一个斑鬣狗族群的头领，我的族群中有五十只斑鬣狗。斑鬣狗属于母系社会，雌性比雄性更大更强壮。此外，雌性也有等级之分，只有族群中地位最高的几只斑鬣狗才有权利生下幼崽。

　　虽然成为头领生下自己的孩子不失为一件乐事，但其实这是痛苦的开始……之所以这么说是因为斑鬣狗幼崽从出生到断奶需要一年半之久。在此期间，我必须一边抚育孩子，一边捕猎。雄性太弱小了，狩猎时帮不上什么忙。

　　最让我头疼的当属狮子了。它们会将我们劳心劳力捕获的猎

动物名：斑鬣狗
分　类：鬣狗科
体　长：95 ～ 180 厘米
栖息地：非洲的热带稀树草原
特　征：雌性斑鬣狗的体形比雄性
　　　　大。具有强大的捕猎能力，
　　　　擅长集体捕猎

生活方式

斑鬣狗妈妈简直是工作、育儿两不误的女超人。它们在外与其他雌性相互协作，捕猎斑马、角马等动物，回家后还要给幼崽哺乳。此外，为了保护幼崽免受伤害，防止猎物被夺走，它们必须与狮子对抗。那么，雄性斑鬣狗负责什么呢，它们与幼崽一起负责看家。

物抢走。很过分，对吧？

人类好像认为我们是掠夺的一方，其实正好相反。它们毕竟是"百兽之王"，我们光听到它们的名字就吓呆了。

困惑与启示

—格言集—

如果人类真的在不断进化，为什么母亲只有两只手？

——[美] 米尔顿·伯利

（演员）

雄性／两岁／叛逆期

妈妈脾气太暴躁了，
一发怒就用头顶我!

犀利度

●●○○○○

再吃路边的草，我就教训你了哦!

妈妈太可怕了～

好的.

我的妈妈一生气我就吓得噤若寒蝉，妈妈实在太恐怖了。

我们河马的皮肤非常敏感，很容易被阳光晒伤。因此我们白天待在水中，夜晚降临时才会登上陆地寻找食物。不过登上陆地时，我必须待在妈妈身边，走路时也要紧挨着它。

如果稍微慢了几步，或在行走途中停下吃草，我就惨了，妈妈立刻就会用头顶我。也许你会觉得"不就是用头顶了几下吗，没什么大不了的"，但是你要知道，河马的体重重达两吨，最高奔跑时速为五十千米，这都称得上"虐待"或者"事故"了吧。而且，我的身体都肿起来了啊。

总之，我妈妈的脾气实在是太暴躁了。哪怕狮子或鳄鱼侵犯它的领地，它都敢上去暴揍对方一顿，谁也拦不住啊。

生活方式

尽管河马每天似乎都很悠闲，实际上性情十分暴躁，特别是带着孩子的雌性河马，它会对闯入领地的动物毫不留情地发起攻击。当河马幼崽在行走途中停下吃草时，它也会用头顶孩子。看似严酷无情，其实这些行为都是为了保护孩子。河马幼崽是狮子的攻击目标，为了防止幼崽远离自己，河马妈妈会一直处于精神高度紧张的状态。

- 生物名片 -

动物名： 河马
分　类： 河马科
体　长： 3～4.2 厘米
栖息地： 非洲热带稀树草原的河流、湖泊、沼泽
特　征： 皮肤干燥，很怕紫外线伤害。白天会待在水中

困惑与启示

—**格言集**—

母亲的心房就是孩子的教室。

——［美］亨利·沃德·比彻

（牧师）

那家伙每天用它黏
糊糊的嘴吻我……

第 3 章

重重压力下的
"日常生活"

压力繁重的不仅仅是人类社会。我们仔细观察一下森林、河流以及草原就会发现，自然界中生物们的"日常生活"也并不安稳，同样存在着"职场骚扰""性骚扰"、睡眠不足、如厕礼仪等各种各样的问题。

我是斑马

雄性／一岁／正值发育期

站着睡觉太难受啦，我偶尔也想躺着酣睡一场！

犀利度

✸✸✸✸✸✸◌

好好地站着睡！

我好羡慕狮子啊，强壮凶猛自不必说，它们睡觉的时候是躺在地上的，这个姿势一定超级舒服吧。

我们斑马是站着睡觉的。虽然我可以接受这种姿势，毕竟也睡得着，但是到底还是躺着更舒服啊。

实际上，之前有一次我模仿狮子刚刚躺下来，爸爸就生气地训斥我"身体会爆炸的"！

起初我还持怀疑的态度，但当真的保持躺着的姿势三十分钟后，我发现肚子真的胀起来啦，吓得我再也不敢这么做了。

不过，我们每天的睡眠时间只有 1～2 小时，因此，这辈子

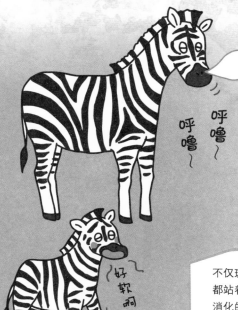

呼噜~
呼噜~

好软啊~
半信半疑

- 生物名片 -

动物名：平原斑马
分　类：马科
体　长：2.1～2.5 米
栖息地：自非洲东部至南部的热带
　　　　稀树草原以及广阔的森林
特　征：在旱季与雨季转换时会成
　　　　群结队地大规模迁徙

生活方式

不仅斑马，牛、马以及长颈鹿等草食性动物都站着睡觉。在这些动物的胃中有促进草类消化的细菌，细菌参与消化时会产生大量的二氧化碳、甲烷等气体。这些动物躺下后，由于身体构造的原因，这些气体无法通过打嗝排出体外，会导致它们因内脏破裂而死亡。

如果有机会的话，我好想躺在柔软的草地上酣睡一场啊。

困惑与启示

—格言集—

　　过多的休息和过少的休息同样使人疲劳。

——［瑞士］卡尔·希尔第
（法学家）

我是北极熊

雌性／十四岁／喜欢海豹

无论怎么洗
我的毛都很脏。

犀利度

没发霉哦！

　　我太受打击了。我十分珍惜的白毛，不小心染上了绿色。

　　可能是因为附着了苔藓吧，但是，不可思议的是，无论我怎么清理、游泳，都洗不掉这些污垢。到底怎么做才能找回我那一身漂亮的白毛呢？

　　对我而言，毛发是我在严寒的北极生活不可或缺的保障。因为毛发完美地隔绝了体内热量的流失，所以我才能在这片冰天雪地中存活下来。

　　不过，我还是很介意自己从"白熊"变成"绿熊"的——这样一来我身体的颜色太显眼啦，感觉连海豹都抓不到了。

我太震惊啦！

......

- 生物名片 -

动物名：北极熊
分　类：熊科
体　长：2.1～2.5 米
栖息地：北极圈沿岸地区
特　征：体形庞大、毛皮厚实，严
　　　　寒时节也可以潜入带冰的
　　　　海水中

生活方式

北极熊的毛像吸管一样是中空的。中空部分可以储存空气，就像全身包裹着温暖的气囊一样，因此它们可以坦然自若地置身于寒冷的北极。不过，苔藓有时会进入毛发的中空部分，导致北极熊的毛变成绿色。因为苔藓不在毛发表面，所以怎么洗都洗不干净。

如果我再继续烦恼下去，就会长出白发了吧。不过，就算长出来我也分不清到底是白发还是白毛……

困惑与启示

—格言集—

幸福人生的秘诀是乐于接受变化。
——［美］詹姆斯·史都华
（演员）

我是梅花鹿

雌性／两个月／我想去一次日本奈良

一动不动地掩藏在敌人眼皮底下时，实在是太可怕了！

犀利度

●●●●●○

我之前差点被狐狸吃掉。

每当敌人出现时，我的妈妈就会"嚯——"地大声叫起来，这是"躲起来"的意思。每当听到这种叫声，我就会马上就近钻到树丛中一动不动地躲起来。在妈妈告诉我"可以了"之前，我绝对不可以乱动。

不过，狐狸走到我面前时，我真的很害怕。虽然妈妈告诉我"你身上的白色斑点可以让你不易被发现"，但我屏住呼吸一动不动的时候，心跳就会加速，心脏就像要从嘴里蹦出来一样。

敌人出现时，妈妈会主动充当诱饵，但偶尔敌人并没有追赶，妈妈却独自跑远了，这是最令人惴惴不安的状况了。

生活方式

幼鹿身上有白斑。晴天时进入森林，阳光透过树叶的缝隙，投射到地面上会形成许多白色的光斑，实际上幼鹿身上的斑点就是模拟这些光斑形成的。肉食性动物的眼睛大多不能区分颜色，因此即使幼鹿站在它们眼前的树丛中，只要一动不动，与地面环境同化，这些肉食性动物就很难分辨出来。

- 生物名片 -

动物名：梅花鹿
分　类：鹿科
体　长：90～200 厘米
栖息地：日本、越南等东亚地区的森林和草原上
特　征：雄鹿的角最长可达 85 厘米，而且每年都会换角

困惑与启示
—格言集—

所谓忍耐，并非因为恐惧而不去行动，而是积极地等待机会的到来。
——［俄］埃尔德·乌赫多夫（飞行员）

我是珊瑚

雄性／一百二十岁／对天气很敏感

周围的鱼总用黏糊糊
的嘴唇"强吻"我。

犀利度

●●●●●○

好可怕啊～

　　我被一条名为突唇鱼的鱼强吻了，说实话，这让我有些不知所措。

　　我不认为热情有什么不好。但是，我今年已经一百二十岁了，它才三岁，年龄差距也太大了吧。

　　此外，还有一个问题，对方是雄性，而我也是雄性。也许有些人会认为珊瑚是一种形态怪异的植物，但其实我们是货真价实的动物。我们珊瑚有雌性、雄性之分，当然也有雌雄同体的。

　　总之，我们珊瑚也分为不同的种类，不过我想要强调的重点是，突唇鱼的嘴实在太黏了。被吻到的瞬间，甚至发出了"噗～"的声音。

- 生物名片 -

动物名：鹿角杯形珊瑚
分　类：杯形珊瑚科
体　长：15 米
栖息地：日本纪伊半岛以南
特　征：分枝顶端又分成疣状小枝。
　　　　多见于珊瑚礁中

黏糊糊

生活方式

珊瑚礁中生活着 6000 多种不同的鱼类。其中以珊瑚礁为食的鱼类共有 128 种，仅占其中的 2% 左右。突唇鱼属的鱼类能够像亲吻一样，吸食珊瑚的精华。突唇鱼属鱼类的嘴非常肥厚，还会分泌黏糊糊的液体，因此珊瑚的毒刺对它不起作用。

而且，还很痛，想必吸力一定很强吧。

要知道我身体表面还覆盖着可以保护我免受伤害的毒刺，但这次一点用也没有，我真的束手无策了。

困惑与启示

—格言集—

恋爱无关年龄，随时都可能发生。
——［法］布莱士·帕斯卡
（哲学家）

我是貉

雄性／一岁／单身

可以不要集中排便，
让粪便堆积如山吗？

犀利度

★☆☆☆☆

快点啊，我快憋不住啦！

还没结束吗？

　　从很久之前我就对我们貉族群的某个现象感到不可思议又无可奈何，那就是为什么我们要集中排便，堆出一座"粪便山"呢？

　　嗯，虽然妈妈这样那样的解释一番后，我也跟着做了，但是难道你们不觉得"每天早晨排成一排按顺序在同一个地方排便"这种行为很奇怪吗？

　　之前有一次，我的一个朋友肚子不太舒服，队伍却始终停滞不前——它心情烦躁地咬着树枝，终于在还差三只就到它的时候，忍不住奔出了队伍。

　　不过，我们貉的规矩是一旦离开队伍就必须重新排队。说实话，

- 生物名片 -

动物名：貉
分　类：犬科
体　长：50 ～ 60 厘米
栖息地：中国、日本、朝鲜、俄罗
　　　　斯等国
特　征：夜行性动物，曾出现在住
　　　　宅区。可以爬树

生活方式

貉是犬科动物。狗会在电线杆等处小便，通过嗅闻同类留下的气味与同类交流，而貉是通过嗅闻粪便的气味进行交流的。每年生活在同一地区的貉会组建新的家庭，因此它们会在同一地点排泄粪便，以告知彼此现在所在的家庭情况和育儿状况。

我非常担心将来自己也会遇到同样的情况。

作为一只貉一定要集中排便，我实在不太理解这种行为。我觉得排便这种事，还是自由一些更好吧。

困惑与启示

—格言集—

战争胜负取决于最后五分钟。
——［法］拿破仑·波拿巴
（军事家）

我是盘羊

雌性／五岁／毛量多

到了这个地步，我们互相顶撞，决战到底吧！

犀利度

我已经做好心理准备了。为了心爱的孩子我愿意化身魔鬼。

我想谁都有一两个绝对不可以让给别人的东西吧，我的那件东西是草。为了让我的孩子吃到柔软的青草，我不惜与其他雌性战斗到底。

我们每年 2～3 月产下幼崽，这段时间可以作为食物的草非常少。因此，到处都能看到母亲们为了自家孩子能吃上草而激烈地争斗着。

这时候我们头上长出的短角起到了关键作用。在与其他羊妈妈争夺着草的时候，我们会互相顶撞将对方赶走。虽然我们的角比雄性小，但如果被末端的尖锐处撞到也会很痛。

我绝不能输。如果你认为我们是胆小的动物，那就大错特错了！

生活方式

雌性和雄性盘羊都有角。雄性长有螺旋状的大角，它们之间用角互相顶撞，胜利一方可以获得与雌性的交配权。雌性的角虽然短小，但在与其他雌性争夺青草时也起着很大作用。虽然盘羊看起来很温顺，但该战斗的时候绝不"角"软。

- 生物名片 -

动物名：加拿大盘羊
分　类：牛科
体　长：1.6～1.9 米
栖息地：北美的高山草原上
特　征：大型野生羊类，雄性的角最大可达 120 厘米

困惑与启示

—格言集—

我会奋战不懈，为了胜利而战。
——［英］玛格丽特·希尔达·撒切尔
（原英国首相）

我是驯鹿

雄性／五岁／目前无角

妻子不给我吃的，还用角撞我。

犀利度

★★★☆☆

男性同胞们，现在正是奋起反抗专横妻子的好时候啊！

我们雄性驯鹿的角，在冬季到来时会从根部整个脱落。因此，我们要在没有角的状况下度过严酷的寒冬。

失去了我们驯鹿引以为傲的角，我十分不安，感觉整个脑袋都凉飕飕的。为了寻求温暖我回到了家人身边。我看到妻子和孩子正和睦地吃着地面上长出的苔藓。我十分感动，不禁感叹"啊，多么美好的一幕"，并上前说道"嗨，给爸爸也吃一口吧"。没想到妻子用角向我的侧腹部猛地撞了一下。雌性冬季的时候是有角的。

啊，好可怕~

- 生物名片 -

动物名： 驯鹿（角鹿）
分　类： 鹿科
体　长： 1.2～2.2 米
栖息地： 北极圈附近的苔原地带
特　征： 是鹿科中唯一雌性和雄性
都有角的动物。以草和苔
藓为食

生活方式

雄性驯鹿和雌性驯鹿都有角，但生长周期不同。雄性的角春季生长，冬季脱落；雌性则夏季生长，次年春天脱落。之所以雌性的角生长时间稍晚一些，是为了保护孩子免遭雄性的伤害。冬天食物匮乏时，雄性会抢夺驯鹿妈妈和幼鹿的食物。因此，雌性会用角顶撞雄性将其赶走。这可能是爱的一种表现吧。

　　我不但没有了角，还在爱子面前出了丑，只好灰溜溜地逃走了。难道我还要继续容忍这么蛮不讲理的妻子吗？！

困惑与启示

—格言集—

成为父亲容易，做父亲却很难。
——[德]威廉·布施
（画家）

我是蝌蚪

性别不明／一个月／青蛙预备役

我们为什么会飞上天空？

犀利度

★★★★☆

最近，四处流传着我们蝌蚪家族的成员从天而降的消息。

听起来很像谣言，对吧？现实生活又不是矢玉四郎*的绘本，哪有那么多神奇的故事啊！我最开始也觉得"可能是附近那些活蹦乱跳的小学生们乱扔的吧"。

不过，几天后我听说又有蝌蚪从天而降了，而且数量多达三十只。这次从天而降的还有小鱼。从那之后，"会飞的蝌蚪"成为水田一带的热议话题。

有青蛙认为"一定是暴风或龙卷风把它们吹到天上去的"。不过，当天天气晴朗，因此我认为应该不是这个原因。

我比较赞成鹭鸶或乌鸦吃了蝌蚪后，飞到空中又吐出来的观点。吃完了再吐出来，呃，这种行为有点过分了吧。

生活方式

2009年6月，日本石川县发生了一件怪事。一名男性在停车场听到了"啪嗒、啪嗒"的声音，回头一看发现汽车上和地面上散落着100只左右的蝌蚪。现在大家普遍认为可能是鹭鸶等鸟类吞食了水田中体内有农药残留的蝌蚪，引起身体不适，因此在空中将其吐出。

- 生物名片 -

动物名：日本树蟾
分 类：树蟾科
体 长：2.5～4.3厘米
栖息地：日本北海道、本州、四国、九州
特 征：据说如果日本树蟾鸣叫，有75%的概率会下雨

困惑与启示

——格言集——

我从不认为自己无所不知。
——［美］尤多拉·韦尔蒂
（作家）

*矢玉四郎：日本作家、画家，其《晴天有时下猪》系列绘本，是日本儿童文学"荒诞故事"的经典之作。

 我是亚洲貘

雄性／十二岁／我会游泳哦

请各位年轻人遵守小便礼仪！

犀利度

★★★☆☆

你溅到我身上啦！

啊？

发射！

扑味——

92

最近，我有些看不惯年轻人不遵守礼仪的行为了。

最让人震惊的就是它们不得体的小便礼仪。为了宣告领地范围我们会在地面或树丛中小便以标记气味，这种行为与狗十分类似。

不过，想必各位没忘记吧，我们貘的尿可以喷射到身后五米处。最近，很多年轻人都不能很好地把握距离感，我之前有几次与年轻人擦肩而过，被它们喷了一身的尿。真的是一时疏忽就会被浇个正着。

最近我还留意到有边走路边小便的现象。它们都不事先确认后方的状况，难道从没考虑过淋到"路人"会怎么样吗？

虽然我们貘并没有规定小便的方式，但我还是希望大家稍微把握些分寸。

生活方式

在接近动物园的貘类展示区时，可能会看到"小心小便"之类的警示牌。貘撒尿的方式很特别，它们会向后喷射尿液。喷射距离最远可达 5 米。它们通过尿液的气味宣告领地以及寻找配偶。顺便说一下，貘有时还会边走路边小便。

- 生物名片 -

动物名：亚洲貘
分　类：貘科
体　长：180 ～ 250 米
栖息地：马来半岛、苏门答腊岛
特　征：貘类中最大的一种。背部至腰部为白色，黑白相间的身体可以使它们在光线昏暗的森林中看起来不那么显眼

困惑与启示

—格言集—

对于别人的过失，与其原谅不如忘记。

——［日］中村天风
（哲学家）

我是蜜蜂

雄性／四个月／浪漫主义者

我找到了适婚对象
并勇敢地告白，却
发现被骗了……

犀利度

●●●●●●

害羞～

有一只雌性在那里！

有一天，我为了吸食花蜜飞到了山脚下。迎面传来一股诱人的雌性的气味，我马上产生了"啊，我要和它结婚"的想法。我们蜜蜂在遇到合适的雌性时通常会勇敢地追求对方。

因此，我循着气味寻找，在草叶上发现了一只雌性。无论外形还是大小都是一只雌性蜜蜂无疑。

不过……我看错了。我靠近之后打招呼道"你好啊"，但不知为何它没作声。起初我觉得"怕不是在害羞吧"，后来才发现不是这样的。所谓的"它"是许多很小的芫菁幼虫聚集在一起形成的。

94

- 生物名片 -

动物名：蜜蜂
分　类：蜜蜂科
体　长：10～26 米
栖息地：世界大部分地区的农田和
　　　　　草地中
特　征：在土中筑巢。全身披黄色
　　　　　毛，用于吸食花蜜的口器
　　　　　较长

生活方式

芜菁幼虫可以分泌出与雌性蜜蜂相似的气味，引诱雄性蜜蜂。它们甚至可以聚集在一起模拟蜜蜂的体态。这样一来，在雄性蜜蜂靠近的时候，幼虫们就会爬到蜜蜂身上，并被带回蜜蜂的巢穴。然后芜菁幼虫们将会抢夺蜜蜂为孩子采集的蜂蜜为食逐渐长大。

接下来我拼命逃跑，奔回家中，实在太可怕了。而且不知为什么我觉得身体好沉重啊。

困惑与启示

—— 格言集 ——

在爱的时候，我们对痛苦从未如此毫无防备。

——［奥地利］西格蒙德·弗洛伊德
（精神分析学派创始人）

95

我是马陆

雄性／两岁／喜欢雨天

能不把我们分泌的毒液
当作药膏使用吗?

犀利度

●●●●○

事先声明，我们与蜈蚣是完全不同的两种动物。

蜈蚣拥有尖锐的颚牙，可以撕咬食物，性凶猛，以蜘蛛、蚯蚓，甚至老鼠为食。而我们没有颚牙也无法撕咬，多以腐败的植物为食。在遭遇敌人袭击时，我们身体两侧会分泌橙色的毒液以抵御敌害。毒液虽然听起来很可怕，但其实毒性较弱，接触后仅有微弱的刺痛感。

不过最近，狐猴中好像流行着一种奇怪的疗法，好像是说我们分泌的毒液可以杀死它们臀部的寄生虫。因此，狐猴们争相捕捉我们并将我们分泌的毒液涂抹在它们的臀部或生殖器周围。拜托这些狐猴了，不要再做这种事了，可以吗？

生活方式

新研究表明，生活在非洲马达加斯加岛的红额美狐猴会捕捉马陆，并将它们的毒液涂抹在臀部。马陆的毒液中含有一种名为苯醌的成分，具有杀菌以及抑制细菌增殖的作用。一般认为，狐猴将马陆的毒液当作药膏涂抹在身体上，用来杀死寄生虫。

- 生物名片 -

动物名：温室马陆
分　类：奇马陆科
体　长：约20毫米
栖息地：全球的亚热带至温带地区
特　征：生活在石头下或落叶中等阴暗潮湿的地方

困惑与启示

—格言集—

障碍无法把我击垮。任何障碍都会向坚定不移的毅力屈服。

——［意大利］列昂纳多·达·芬奇（艺术家）

我是尺蛾

雄性／出生后第二十五天／擅长模仿

一天中的大半时间
都在"模仿鸟粪"。

犀利度

叽叽~
那是一坨
鸟粪吗？

　　我生活的全部就是"忍耐一下……再忍耐一下"。

　　从出生到现在已经快一个月了，为了避免被鸟类捕食，我每天都要"模仿鸟粪"。如你所见，为了追求逼真的效果，我的身体已经变成类似鸟粪的黑白色了。每处细节都完美地呈消化不良的鸟粪状。

　　不过，关键并不在于颜色，最需要注意的是身体的扭曲形状。无论是鸟类还是其他动物，都不会排出笔直的粪便，一般粪便的末端都有些弯曲，对吧？如果不能完美地呈现"一坨粪便的状态"，反而会引起鸟类的注意进而成为它们的捕食目标。

- 生物名片 -

动物名：核桃尺蛾
分　类：尺蛾科
体　长：36～45 米
栖息地：日本北海道、本州、四国、
　　　　九州
特　征：成虫的翅膀细长，在休息
　　　　时会收拢翅膀。雌性不趋
　　　　光

生活方式

核桃尺蛾生活在日本的山中，它的幼虫通过模仿鸟粪的颜色和形状，欺骗鸟类，避免被捕食。不过，如果身体扭曲不够自然，很快就会被识破。因此，它们在幼虫阶段，一天中的大半时间都不得不软绵绵地蜷缩着身体，伪装成一坨粪便。

此外，如果体形过大，也会引起鸟类的怀疑——"这坨鸟粪也太大了"，因此，我不敢有半分松懈。

困惑与启示

—格言集—

　　令人敬仰的人有一个特色：面对困难时仍不屈不挠。

——[德]路德维希·凡·贝多芬

（音乐家）

为什么会分不清?
难道不是我更可爱吗?

第 4 章

人类，
你们对我有所误解

大肆捕杀不被青睐的生物使之灭绝，同时保护濒临灭绝的生物，增加它们的种群数量。在其他生物看来，最莫名其妙、胡作非为的"暗黑生物"可能就是我们"人类"吧。

我是黑犀

雄性／十五岁／虽然外形凶猛但我是食草动物

我一点也不黑！

犀利度

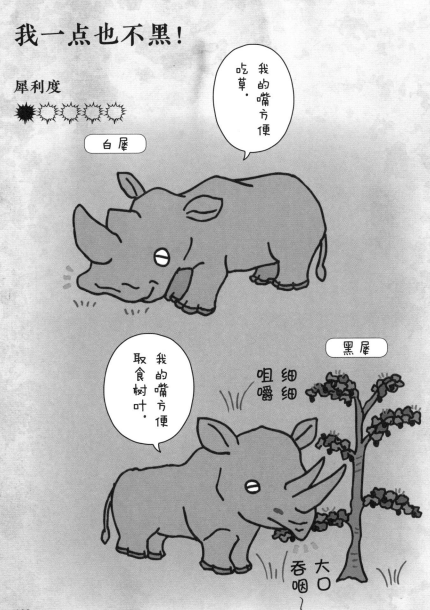

白犀指的是"白色的犀牛"，黑犀指的是"黑色的犀牛"，如果仅凭名字判断，大家都会这么认为吧。其实，我真的一点也不黑，不仅如此，我们与白犀的颜色基本相同，甚至有些白犀的颜色比黑犀还要黑。

那么，大家一定会疑惑我们为什么会叫这个名字吧。我知道原委后，真的有些失望呢。白犀的嘴又宽又平，因此人们称呼它为"宽嘴（wide）犀"，后来好像不知被谁误听为"白（white）犀"，因此它们被称为"白犀"。接下来"既然一种叫作白犀，另一种就叫作黑犀吧"，我们的名字就这样被随随便便地定下来了。

又不是名字可以随意杜撰的童话故事，为我们取名字的时候可以认真点吗，人类？

生活方式

无论黑犀还是白犀，身体的颜色都基本相同，最大的不同是嘴部的形状。白犀的嘴又宽又平，让它们可以一次性啃食更多的草。而黑犀以豆科植物的叶子和嫩芽为食，为了方便取食，它们的嘴部很尖。据说黑犀和白犀的名字是误传造成的。

- 生物名片 -

动物名：黑犀
分　类：犀科
体　长：3～3.8米
栖息地：非洲南部森林
特　征：长有两个角。嘴部很尖，用于取食树叶。雌性犀牛和幼崽共同组成族群，数量为 10 只左右

困惑与启示
—格言集—

这世间的一切所谓的真相，只不过是在积累一个巨大的谎言。

——［美］鲍勃·迪伦
（音乐家）

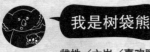
我是树袋熊

雌性／六岁／喜欢睡觉和静坐

现在是春天，还是冬天？我的孩子会感冒的！

犀利度

★★☆☆☆

我是三个月前从澳大利亚被带到日本动物园的树袋熊。

我想跟大家确认一下，现在是一月，没错吧！那为什么这么冷呢？

我以前生活的澳大利亚一月正值盛夏时节，天气炎热。因为十二月时，装扮成圣诞老人模样的男孩子们还在海上冲浪呢，他们乘坐的是冲浪板而不是驯鹿哦。

这个问题先撇开不谈，我们生活在澳大利亚的时候，都是1～4月（夏天至秋天）产子，7～10月（冬天至春天）将幼崽放在育儿袋内抚养。因为刚出生的幼崽难以适应冬季的户外生活，为了

忍耐一下哦～

好冷啊～ 妈妈我

- 生物名片 -
动物名：树袋熊
分　类：树袋熊科
体　长：72～78 厘米
栖息地：澳大利亚东部的桉树林区
特　征：幼崽会将妈妈的粪便作为
　　　　辅食，以逐渐适应食用桉
　　　　树叶

生活方式

以赤道为界，南北半球的季节是相反的。因此，树袋熊本来应该夏季生产，但它们被从澳大利亚带到日本后，有时会冬季生产。顺便说一下，树袋熊一直抱着树的原因之一是这样很凉爽很舒服。其实树袋熊不耐热，它们抱着温度较低的树可以为身体降温。

保护它们免遭寒冷侵袭我们选择在夏季生产。

但是，日本的一月好冷啊，因此我十分担心幼崽的健康。

困惑与启示
—格言集—

改变确实给人带来痛苦，但改变却是永远必需的。

——［英］托马斯·卡莱尔
（历史学家）

我是海獭

雄性／五岁／毛色较深

虽然人类很喜欢我们，但我不知道人类究竟是敌是友。

犀利度

●●●●●

慢慢
咀嚼

　　我一直生活在北极附近的海域，前几天去了一次北海道，没想到竟然引起了很大的骚动，引得大家又是拍照又是录像的，让我享受了一次明星级待遇。

　　不过，我的妈妈却告诫我"不要接近人类"。据传，人类曾经大量捕杀海獭，直到五十年前才有所收敛，因此我们曾一度濒临灭绝。不过从某个时刻开始人类突然远离了我们的栖息地，让我们得以幸存。我们实在搞不清楚人类究竟想干什么……

　　不过，现在我们非常受人类欢迎呢。如果能让我们待在更适宜的栖息地就太感谢了。还有如果能在海洋中为我们留下充足的

闪闪发光

- 生物名片 -

动物名：海獭
分　类：鼬科
体　长：1.2～1.5 米
栖息地：北太平洋沿海地区。如日
　　　　本的北海道东部沿海地区
特　征：睡觉的时候，为了避免被
　　　　海浪冲走，它们会将海藻
　　　　缠绕在身上

生活方式

人们曾认为海獭的毛皮十分珍贵，因此捕杀了至少几十万只海獭。现在已经禁止捕猎，因此海獭的种群数量有所增加，不过它们可能很难像以前一样生活在日本近海地带了。海獭以鲍鱼、海胆、螃蟹为食，这些也是人类钟爱的食物。海獭吃掉这些海产品，一定程度上影响了渔民的捕捞量。

鲍鱼、海胆、螃蟹等食物，那我们就更加感恩戴德啦。

困惑与启示

—格言集—

在指指点点批评别人之前，先确认一下自己的手是不是干净。

——［牙买加］鲍勃·马利
（音乐家）

雄性／八岁／食量小

我们一点
也不懒！

犀利度

⬥⬥✦✦✦

它们看上去好悠闲啊～

　　我们树懒一点也不懒。我们只是摒弃了一切无意义的活动，最大程度降低能量消耗，这是我们为了适应环境而选择的一种生存模式。

　　我们的原则是能不动就不动，不得不动时的速度也仅为 16 米／小时左右。如果我们参加五十米跑，需要三个小时左右才能到达终点。

　　我们一般不从树上下来，无论饮食、休息还是产子，都在树上进行。只有 7 ～ 10 天一次的排便才会让我们下到地面。

　　选择这种生存模式的结果是，我们每天只要食用八克树叶就可以存活。不过，这些食物需要花费一个月的时间慢慢被消化。

虽然看上去很悠闲，但是我们为了生存拼尽了全力！

摇摇晃晃

你也是啊～

- 生物名片 -

动物名：褐喉树懒
分　类：树懒科
体　长：40～77厘米
栖息地：中美至南美地区
特　征：一天基本上都倒挂在树上。
　　　　擅长游泳

生活方式

树懒之所以被命名为"树懒"，是因为它们可以长时间挂在树上一动不动。不过，正因为如此它们凭借少量的食物就可以存活。有说法认为，树懒所消耗的能量只相当于同等大小的哺乳动物所消耗能量的10%。不过，为了逃脱敌人的捕杀而剧烈运动时，它们有可能会因能量耗尽而死亡。

从某种意义上来说，这种不需要四处奔波就能生存下来的模式反而更加值得称道吧。

不过，有时也会发生树叶还未完全消化就饿死了的事件。

困惑与启示

—格言集—

耐心等待的人终将心想事成。
——［美］亨利·朗费罗
（诗人）

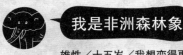

我是非洲森林象

雄性／十五岁／我想变得更高大

请你们记清楚
我的名字！

犀利度

●☆☆☆☆☆

非洲森林象

我们并非父子哦·

我们的耳朵是圆的，体形较小！

听好了，我既不是亚洲象，也不是非洲草原象。我现在仔细讲一讲我们的特征，请一定要记清楚哦！

首先，我们与非洲草原象的栖息地完全不同。非洲草原象生活在广袤的草原上，我们则生活在热带雨林中。因此，我们的体形比非洲草原象小很多。如果体形太大，在茂密的森林中将会举步维艰。

非洲草原象前足四趾，后足三趾；我们非洲森林象前足五趾，后足四趾，前后足都比它们多一趾。

另外，我们的耳朵比其他品种的象要圆一些。因此，我们也

非洲草原象

- 生物名片 -

动物名：非洲森林象
分　类：象科
体　长：4～6米
栖息地：非洲西部、中部森林
特　征：耳朵小而圆润。象牙
　　　　直而向下

生活方式

2009 年 9 月，有报道称，日本山口县和广岛县动物园的非洲草原象展示区中混入了非洲森林象。其实，人们一直把非洲森林象当作体形小一些的非洲草原象，直到最近通过DNA 分析才发现它们属于不同的品种。非洲森林象是把握住了进化关键的珍惜象种。

被称为"圆耳象"。

　　是不是觉得有些复杂？哦，对了，还有一点，连学者都曾经认为我们是"有些不一样的非洲草原象"。啊，真的太受打击了。

困惑与启示

—格言集—

　　欲为伟人或成伟事，被误解不可避免。

——[美]拉尔夫·沃尔多·爱默生

（哲学家）

我是海狮

雄性／九岁／多才多艺

请不要将我们与海豹混为一谈！

犀利度

●●✦✦✦

　　我在水族馆上演了大约五年的海狮秀，演技精湛。但是偶尔会有几个没见识的对着我们喊"好可爱的海豹啊～"，让我有些无可奈何。

　　请仔细观察一下，我们的脸完全不同好吗——海狮属于犬系脸，而海豹属于猫系脸。

　　另外，我们可以通过前后摆动鳍状后肢在陆地上行走，海豹却不能，海豹登上陆地后只能像毛毛虫一样匍匐前进，而且它们什么表演也不会。

　　我可以用前肢撑起身体做出传说中鱼形兽一样的姿势。人

海豹

是吗？

猫系

不过海狮和海豹都非常受欢迎哦！

- 生物名片 -

动物名：加利福尼亚海狮
分　类：海狮科
体　长：2～2.4 米
栖息地：北太平洋和加拉帕戈斯群岛附近
特　征：海狮是水族馆中常见的动物，易与人类亲近。在快速游泳时会像海豚一样边跳跃边游动

生活方式

海狮和海豹看起来很相似，却拥有不同的祖先。2000 万年前海狮科动物出现在现在的加利福尼亚海岸，人们认为它们是由犬科或熊科的祖先分化而来的。而海豹是 1500 万～ 2000 万年前出现在北太平洋某处海域的，是由鼬科的祖先分化而来的，人们认为它们更接近于猫科动物。

类应该很喜欢鱼形兽吧？

但是即便如此，人们还是会用海豹的形象制作玩偶。那个圆滚滚的家伙到底哪里比我好啊？！

困惑与启示

—格言集—

任何人都希望领先于处于同等水平线上的人。

——提图斯·李维
（古罗马博物学家）

我是亚洲黑熊

雌性／九岁／准备冬眠中

我们以橡子为食，我正在为山中食物锐减而烦恼。

犀利度

●●●●○○

我最近十分焦虑，马上要到冬眠时间了，如果这件事没解决我就无法安眠了。

以往在冬眠前，我会吃大量的橡子来储存能量。但是今年夏天实在太热了，很多橡树没有结出果实。

不仅如此，最近山里还建起了道路和楼房，导致可以放心采集食物的地方越来越少。

因此，前几天，我趁着夜色下山，去人类居住的城市寻找食物。最近，家犬的数量有所减少，我们比以前更容易接近居民区了。

因为我找不到食物啊！

- 生物名片 -

动物名：亚洲黑熊
分　类：熊科
体　长：1.1 ～ 1.5 米
栖息地：东亚地区。如日本的本州和四国
特　征：胸部有白色新月形斑纹。擅长爬树

生活方式

根据日本环境省的统计，2017 年有 12812 例遭遇黑熊的报告，其中包括约 100 次黑熊出没伤人的事件。黑熊原本性格谨慎，会远离人群和居民区。但受近年来夏季酷热的天气和城市扩张的影响，黑熊无法获得充足的食物——橡子，它们为了寻找食物而进入城市，导致人类遭遇黑熊事件增多。

其实，从内心来讲我无意涉险。但是我带着孩子呢，我实在不忍心让它饿肚子啊！

困惑与启示

—格言集—

　　有时，母性的力量可以胜过自然界的法则。

——［美］芭芭拉·金索佛

（小说家）

我是朱鹮

雌性／三岁／快离巢了

以前

心情真好啊！

我们能再回到大自然中生活吗？

犀利度

★★★★★☆

我现在生活在日本新潟县佐渡岛的朱鹮保护中心里。这里除了我以外还饲养着两百多只朱鹮，等我们长大后会被放归野外。

人类为什么要这么做呢？想必大家和我一样困惑吧。我请教了我的爸爸，它告诉我以前很多朱鹮都在日本境内生活。不过，因为楼房和高尔夫球场的大量新建，朱鹮可以栖息的森林逐渐减少，我们的数量也随之锐减。终于，2003年生活在日本的野生朱鹮全部灭绝。

后来，日本从中国引进了一批朱鹮并进行培育繁殖，生下了很多后代，我就是其中一员。

现在

出售

我们的栖息地消失了……

— 生物名片 —

动物名：朱鹮
分　类：鹮科
体　长：55 ～ 78.5 厘米
栖息地：中国中西部
特　征：面部呈红色，羽毛微染粉
　　　　红色，繁殖期则变为灰色。
　　　　被日本列为"特别天然纪
　　　　念物"

生活方式

朱鹮曾广泛分布于日本境内，但土地开发和农药污染破坏了它们的栖息地，导致日本朱鹮一度野外灭绝。后来，人们在日本佐渡岛设立了朱鹮保护中心，经过了 10 年的培育，终于将它们放归野外，现在野生朱鹮的数量已经增至 353 只。人类需要花费大量的时间和精力才能使濒临灭绝的生物数量有所增加。

　　虽然朱鹮的数量正在缓慢增加，但是，不知道未来我们是否还能再次遍布日本全境。

困惑与启示
—— 格言集 ——

　　大自然喋喋不休地同我们交谈，而从未向我们透露它的任何秘密。

—— [德] 歌德
（诗人）

我是华丽琴鸟

雌性／两岁／我想要大房子

擅长模仿的雄鸟
更具魅力！

犀利度

★★★★☆☆

咔嚓

咔嚓

吱吱

嗡嗡嗡嗡嗡嗡

我是一只雌性华丽琴鸟，我正在寻找配偶。为了找到更优秀的丈夫，我每天都在努力提升自己。

　　我的择偶目标是擅长模仿的雄性。在我们华丽琴鸟的世界中，雄鸟可以模仿翠鸟、鹦鹉等鸟类的鸣叫声，越擅长模仿的雄性越受欢迎。

　　这是因为，擅长模仿的雄性会让其他雄性因觉得"我不是它的对手"而不敢靠近。因此，它们的领地范围更大，换言之，它们的房子更大，我觉得拥有大房子的雄性是最有魅力的。

　　不过，最近雄性们模仿的声音稍微有些怪异。以前它们发出的都是"噼噼噼噼"之类悦耳的声音，现在还会发出"呜呜呜呜嗯""咔嚓咔嚓"之类的声音。这难道是一种时髦吗？

生活方式

华丽琴鸟是最擅长模仿的鸟类。华丽琴鸟中的模仿高手不仅可以模仿 15 种鸟类的鸣叫声，还可以连续鸣叫近 20 分钟。不过，最近华丽琴鸟的栖息地距人类越来越近，因此有一些雄鸟还学会了模仿油锯、相机、汽车刹车声等人工机械音。我们可以在网络视频中看到它们模仿上述声音的场景。

- 生物名片 -

动物名：华丽琴鸟
分　类：琴鸟科
体　长：90～100厘米
栖息地：澳大利亚东南部、塔斯马尼亚岛的森林中
特　征：为了获得雌鸟的青睐，雄鸟会争相展开尾羽吸引配偶

困惑与启示

—格言集—

爱情因饥饿而生，因饱腹而死。
——［法］缪塞
（作家）

119

我是野猪

雌性／三岁／爱吃玉米

我们也是讲卫生的，
不要把食物直接扔到地上好吗？

犀利度

●●○○○

　　我去过很多地方，现在生活在动物园。大家对我都很好，我非常感激，但有一点我不太满意。

　　动物园会给我们提供苹果、鸡肉等食物。虽然获得食物让我很开心，不过请不要将食物直接扔到地上，可以吗？这样做会让食物表面沾满尘土。直接吃下去会导致尘土进入口内，我真的很讨厌这种感觉啊。因此，我不得不将它们一块一块地叼到水源处洗干净后再食用。

　　人类常用"猪突猜勇"这一成语来讽刺只会不顾一切往前冲的人。但其实我们野猪做事是很有计划性的。我们属于先苦后甜的类型，并不会一味冒进。

生活方式

生活在瑞士动物园中的野猪如果拿到了沾有尘土的苹果，它们会将其叼到动物园的溪水边冲洗30秒后再吃。一般认为这是野猪为了避免尘土磨损牙齿，自然而然形成的一种行为。不过，如果它们收到的食物是钟爱的玉米，即使沾有尘土，野猪们也会因忍不住而马上吃掉。

- 生物名片 -

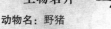

动物名：野猪
分　类：猪科
体　长：90 ～ 180 厘米
栖息地：自欧洲至日本
特　征：幼崽身上带有条纹

困惑与启示

—格言集—

　　我们无法改变过去与别人，但可以从现在开始改变未来与自己。

——［美］艾瑞克·伯恩
（医生）

我是狗

雌性／年龄不详／夜猫子

为什么我怀孕后就被主人抛弃了？

犀利度

★★★★★

妈妈怎么啦？

和我玩啊～

　　主人今天也没有乘坐这趟列车。他到底去哪儿了呢？

　　我位于印度西部一座名叫孟买的城市，现在是一只流浪狗。之所以强调"现在"，是因为两个月前我还是主人饲养的家犬。

　　但是，主人有一天突然从我眼前消失了。从那之后，每天晚上十一点去车站的站台上向列车内张望已经成了我的习惯。我的主人以前都是乘坐这班列车回来的。我抱着"万一今天他也在上面呢"的想法，一直在站台上等待着。

　　我的主人消失的时候，我腹中的孩子也平安降生了，我想尽办法抚养它们。真希望我们母子能够早点找到主人啊。

怎么还不回来啊……

- 生物名片 -

动物名：秋田犬
分　类：犬科
体　长：2.1～2.5 米
栖息地：日本秋田县原产
特　征：电影《忠犬八公》中的主
　　　　人公，对主人十分忠诚

生活方式

据报道，2018 年 2 月印度孟买康哲马克车站有一只狗每天晚上都在等待同一班列车，因其被称为"现代版的忠犬八公"而引起热议。这只狗还带着 4 只小狗，因此，人们认为可能是它的主人发现其怀孕后将其抛弃的。日本每年会收容大约 4 万只弃犬，其中的 1 万只会被"人道毁灭"。

困惑与启示

—格言集—

爱的反面不是恨，而是冷漠。
——［科索沃］特蕾莎修女
（1979 年诺贝尔和平奖得主）

123

我是丹顶鹤

雌性／十五岁／我已步入中年

我不可能活1000年以上吧?!

犀利度

★★☆☆☆

闪闪发光!

千年鹤

我们最多活五十年!

相比之下，我的寿命可能更长一些呢……

葵花凤头鹦鹉

万年龟

到底是谁在到处散播"千年鹤万年龟"的谣言啊，随便想想都知道我们不可能活那么长时间啊。

　　根据动物园留下的记录，我们鹤中最长寿的是六十二岁的白鹤。而据说野生鹤最长可以活四十二年。鸟类的长寿纪录保持者来自一种名为葵花凤头鹦鹉的鹦形目鸟类，它竟然活到了一百二十一岁。

　　另外，龟也不可能存活一万年，迄今为止最长寿的龟是马达加斯加的陆龟，它的寿命达到了一百八十八年。

　　另外，有人认为我们鹤头顶的一点朱红"很像太阳，看着真喜庆"，但其实那只是毛发脱落秃顶了而已。请大家不要再对我们过度解读了。

生活方式

虽然"鹤的寿命长达千年"的说法是子虚乌有，不过它们的平均寿命为 20 ～ 30 岁，可以说是鸟类中比较长寿的品种。因为它与龟同属长寿的生物，所以不知不觉中被人们视为了"祥兽"。不过"人上有人，天外有天"，如果环境适宜海胆可以存活 200 年，而灯塔水母则被视为不老不死的存在。

- 生物名片 -

动物名：丹顶鹤
分　类：鹤科
体　长：90 ～ 120 厘米
栖息地：东亚地区。如中国东
　　　　北、日本的鹿儿岛
特　征：主要以草籽、昆虫、
　　　　小鱼为食

困惑与启示
—格言集—

活了多少岁不算什么，重要的是，你是如何度过这些岁月的。
——［美］亚伯拉罕·林肯
（美国第十六任总统）

结 语

大家觉得《动物吐槽大会》这本书怎么样呢？

以前我在森林中进行野外考察的时候，曾经看见过如下场景：

一只獾在树根处艰难地挖掘着洞穴，那里根系缠绕不易挖掘，在洞穴终于成形的时候，竟然有一只貉跑过来并住了下来。貉不擅长挖洞，獾则是挖洞高手，因此貉会使用獾挖好的洞穴。而另一方面，貉也能帮助獾咬断树根，驱赶獾讨厌的敌人。

如果人类霸占了别人建好的房子，大家可能会认为他为人奸猾。但动物们通过这种方式建立了"互利互惠"的关系。我不禁感慨，自然界自有它的规则啊。

　　本书中生物所"吐槽"的烦恼或特异行为，是它们在严酷的大自然中生存的智慧，也是为了在大自然中作为物种存活下去所默认遵守的规则。

　　动物也具有多面性，它们既有奔跑速度快、强壮有力等优势的一面，也有如本书中所抱怨的劣势的一面。人类也是如此，正因为我们不只有优点，才显得更加可爱。

　　如果您在阅读本书的过程中，动物们这些可爱的缺点能博得您会心一笑，我将不胜荣幸。虽然生存艰难，但它们始终努力求生。您感受到动物们身上所折射出的可贵品质了吗？

图书在版编目（CIP）数据

动物吐槽大会 / (日) 今泉忠明著; 赵百灵译. --
海口: 南海出版公司, 2021.5
ISBN 978-7-5442-9881-0

Ⅰ. ①动… Ⅱ. ①今… ②赵… Ⅲ. ①动物—普及读
物 Ⅳ. ①Q95-49

中国版本图书馆CIP数据核字(2020)第124552号

著作权合同登记号　图字：30-2020-108
TITLE：［ブラックないきもの図鑑］
BY：［今泉忠明］
Copyright © Tadaaki Imaizumi, 2018
Original Japanese language edition published by Asahi Shimbun Publications Inc.
All rights reserved. No part of this book may be reproduced in any form without the
written permission of the publisher.
Chinese translation rights arranged with Asahi Shimbun Publications Inc., Tokyo
through NIPPAN IPS Co., Ltd.

本书由日本朝日新闻出版授权北京书中缘图书有限公司出品并由南海出版公司在
中国范围内独家出版本书中文简体字版本。

DONGWU TUCAO DAHUI
动物吐槽大会